JN273151

海岸林再生マニュアル

炭と菌根を使ったマツの育苗・植林・管理

小川真+伊藤武+栗栖敏浩［著］

築地書館

はじめに

　2011年3月11日、三陸沖を震源とする東日本大地震が発生し、それにともなう大津波によって多くの人命が失われ、三陸海岸から宮城、福島、茨城、千葉県の沿岸地域は想像を絶する被害に見舞われました。さらに、福島第一原子力発電所の事故がこの自然災害に加わり、多くの地域が今も危機的状況にあります。長い海岸線を守ってきた海岸林も、波浪を防ぐのに一定の役割を果たしましたが、残念ながら、ほとんど姿を消してしまいました。

　海岸クロマツ林は、古くから先人たちの手によって植えられ、永い間地域の人々に親しまれ、防災上も景観上も重要な役割を果たしてきました。しかし、日本の各地でマツ枯れのために海岸林が消滅して荒れ地に変わり、防災機能が失われています。そのため、被災地はもちろんのこと、全国各地で消えた松原を惜しみ、白砂青松を再生させたいと願う声が上がっています。

　その声にこたえて「白砂青松再生の会」（2006年4月29日発足）では、菌根をつけた健全な苗木を作り、植林するだけでなく、津波や高潮、マツ枯れにも耐えられるマツ林の育成方法を皆さんにお伝えすることにしました。ここ十数年の間に、炭を植え穴に入れて菌根がついたマツの苗木を植えると、活着と成長がよくなることがわかり、炭と菌根でマツなど多くの樹木が元気になることも確認されました。一方、宮城県

の海岸でショウロの菌根が、クロマツの耐塩性を高めることも確かめられました。

　このマニュアルは、このような私たちの経験をもとにして書き上げたものです。できるだけ多くの方々に海岸マツ林の扱い方を理解していただくため、地元の試験研究機関や行政機関、ボランティア団体などと協力しながら、活動を進めてまいりたいと思います。このマニュアルの内容が、さらに地域にふさわしいものになるよう、改訂してくださることを願っています。

　海岸線に植えられたマツ林がその効果を発揮するのは、数十年も先のことであり、その間に自然災害や病虫害に襲われることも予想されます。この行いは、今の自分たちのためではなく、未来の人々のために尽くす奉仕活動なのです。さらに、これは国土と人命を守る国家的事業であり、関係者の皆さんに国の将来を支える仕事としてとらえていただければ幸いです。

　なお、このマニュアルを作るにあたって、現在被災地向けの苗生産をお願いしている京都府緑化センターをはじめ、「白砂青松再生の会」会員など、種子やキノコの採集などにご協力いただいた有志の皆さんに心から御礼申し上げます。また、募金による資金を提供していただいた、医療・介護器具の販売会社セイエイ・エル・サンテ ホールディングの皆さんや日本バイオ炭普及会に厚く御礼申し上げます。

　技術的内容については、主に伊藤武さんと栗栖敏浩さんが、解説については小川真が執筆しました。なお、自費出版する予定でしたが、白砂青松再生活動の一環として、築地書館社長土井二郎氏のご厚意により、

出版していただけることになりました。築地書館の皆さんに厚く御礼申し上げます。

　不十分なものですが、このマニュアルが今後の海岸林再生に役立てば、これに過ぎる喜びはありません。

2012年7月

　　　　　　　　　　「白砂青松再生の会」会長　小川　真

もくじ

はじめに 3

1 種子の採取と貯蔵 11
種子のとり方と採取の適期 11
選別と発芽試験 12
精選作業／収穫量／発芽試験
貯蔵方法 14

2 育苗 15
種まきの実際 15
床作りと施肥／播種時期／播種量の計算／発芽促進／種子消毒／播きつけ作業の手順
発芽後の管理 17
わら抜き／除草と間引き
胞子液の散布 19
床替えと育苗 20
苗畑育苗／ポット育苗／ポット育苗の手順／使用する用土組成（容積率）の一例／植え方と管理方法／簡易な集団接種法

3　菌根菌の胞子液と培養菌糸接種源の作り方　24

胞子液の作り方　24

使いやすいキノコ／キノコの採集／胞子液のとり方／
簡単な胞子液の作り方（チチアワタケ）

胞子と胞子液の保存法　29

胞子の保存／胞子数と発芽率の検定／胞子液の希釈法／
ひとくちアドバイス【菌根菌もいろいろ】

菌根菌の培養　32

なぜ培養菌糸が必要か／クロマツ菌根菌の培養／
菌根菌の液体培養法

培養菌糸接種源の作り方　35

クロマツ育苗用接種源の作成事例／培養条件／培養容器／
培養菌糸の接種

4　植栽の実際　38

植栽地の準備　38

地拵えが必要／地被物と表土の除去／
①クロマツ単純林の枯れ跡地／②ニセアカシア混植林の枯れ跡地／
③ササ、チガヤ・ススキなどの群生地／
ひとくちアドバイス【被災地での植栽地造成について】

クロマツ苗木の植え方　43

高密度植栽と混植の効果／苗畑で育てた苗の植え方／
ポット苗の植え方

植栽後の手入れ 46

　　　　草取り／落ち葉かき／ひとくちアドバイス【落ち葉かきの効用】

5　海岸林の維持管理　51

　　下刈りと間伐 51

　　　　下刈りの意味

　　間伐の実際 51

　　　　密度管理とマツ林の利活用／第1回間伐作業（林齢4～5年程度）／

　　　　第2回間伐作業（林齢7～8年程度）／

　　　　第3回間伐作業（林齢15～20年程度）／壮齢林の手入れ

　　既存マツ林の手入れ 55

6　解説　58

　　　　炭の特性／炭の施用法／炭と微生物

　　マツの特性 63

　　　　先駆植物として／根について／肥料とマツの根

　　菌根共生について 68

　　　　A菌根（アーバスキュラー菌根）／外生菌根／マツにつくキノコ／

　　　　菌根菌の接種効果

1　種子の採取と貯蔵

種子のとり方と採取の適期

　クロマツの花は4月下旬から5月上旬に咲きますが、実ができてタネが熟すのは翌年の10月下旬から11月上旬頃です。球果（マツカサ）が開くと成熟したタネが飛び出してしまうので、10月中旬頃、球果がまだ多少緑色のとき、開く前に採取します。なお、タネの入っていない前年の古い球果も同じ枝についていることが多いので間違えないようにしてください。

今年の球果

去年の球果

採取適期の球果

選別と発芽試験

　採集した球果は、最初室内や日陰で自然乾燥させます。特に、早めに採取した緑色の球果は1週間くらい日陰で乾燥して後熟を促します。その後、陽にあて十分乾燥させると、自然にタネが飛び出します。

球果を日陰で乾かす

　急ぐ場合は、乾燥機を使って35～50℃の温風で乾燥させます。普通1日か2日で乾き、タネがとれます。

精選作業

　取り出したタネには翅がついており、球果のかけらや鱗片なども混じっているので、これらを取り除きます。球果から出た種子を布袋に入れ

てよく揉み、その後、唐箕か風選機にかけ、ごみを除きます。

収穫量

球果の風乾重量に対する収量比率（重量比）は、クロマツの場合、平均2.5～3.5％程度です。球果10kgから250～350gの精選種子がとれます。

クロマツの種子1kgあたりの粒数はおよそ7万4,000粒、容積で1.9ℓ程度になります。なお、クロマツの球果は隔年結果となる場合があり、毎年採取できるとは限らないので、注意してください。

精選された種子

発芽試験

まず、クロマツの精選種子から、無作為に100粒ずつ取り出し、これを3～5組作ります。次にペトリ皿か、素焼き鉢の中に十分に水を含ませた濾紙か、砂を敷き、その上にタネを並べます。20～30℃の光条件下に約1カ月間置いて発芽状態を観察し、発芽率を計算します。発芽率

は、最終的に得られる苗木の本数を予測して播種量を決めるための、大切な目安となる数値です。

貯蔵方法

　アカマツやクロマツの種子の発芽率は、温度変化の少ない涼しい室内で長期間貯蔵しても、さほど低下しません。ただし、1年以上、保存する場合は、極度に乾燥しないようにビニール袋か缶に入れて、5℃前後の低温室に置いてください。

2　育苗

種まきの実際

床作りと施肥

　床を作る前に、まず畑土をよく耕し、整地しておきます。床の幅は底面で1m、上面の播き幅は90cm程度、床の高さは10～20cm程度とし

床作り作業

播種作業の完了

ます。

　マツは、さほど養分を必要としない樹種ですが、床作りする際に元肥として1㎡あたり1〜2kgの有機堆肥を全面にすき込みます。特に砂地や真砂土の苗床の場合には必要です。

播種時期

　西日本では4月上旬から中旬頃ですが、東北地方などの寒冷地では4月下旬から5月下旬頃までとなります。

播種量の計算

　クロマツの播種量は、1年生稚苗の平均的な仕立本数が500〜600本／㎡必要となるので、当初の発芽率とその後の成苗率を勘案して、1㎡あたり700〜800粒、約10g程度とします。

発芽促進

　発芽を促すため種子を布袋に入れ、播種の前夜から水につけておきます。水分を吸って15％程度膨れると、発芽が促進されて、芽が均一に出てきます。

種子消毒

　稚苗の立枯病予防対策として種子消毒を行います。簡単な方法としては、種子をベンレート水和剤やチオファネート水和剤にまぶしてから散布する方法があります。種子重量の2％程度の粉剤を使用します。薬剤

の量が多いと菌根菌の成長にも影響が出るので、少なめに使用してください。

播きつけ作業の手順
①種子を布袋に入れて、清潔な水に1昼夜浸しておく。
②水に浸した種子を播種前日の午後に引き上げ、屋内の風通しのよいところに広げておく。
③種子にベンレート水和剤など、殺菌粉剤を加えて、まんべんなく付着させる。
④じょうろで苗床面に散水する。
⑤1㎡あたり10g程度の種子を床面に均一にばらまく。
⑥粒をそろえた清浄な土を、ふるいを用いて種子の上からタネが見え隠れする程度（5ℓ／1㎡）に撒き、平たい板で軽く押さえる。
⑦乾燥防止のため、稲わらを表面が隠れる程度に薄く均一に並べる（550～600g／m）。
⑧敷いたわらが飛ばないように縄で押さえる。
⑨防鳥ネットを掛けて完了。

発芽後の管理

わら抜き

　種子は播種後3週目頃から発芽しはじめます。発芽が始まると、2～3回に分けて少しずつ敷きわらを取り除いていきます。タネの殻が稚苗の頭に付いている間は、防鳥ネットは取り外さないでおきます。

発芽状況（播種後 35 日目）

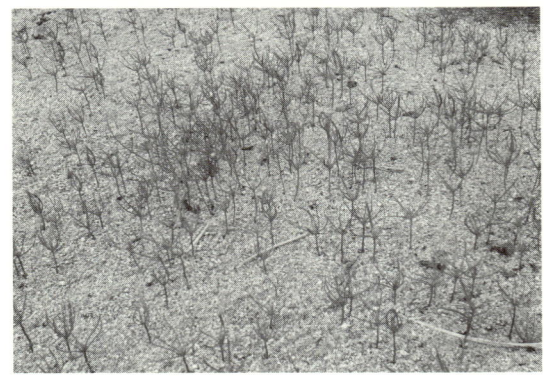

わら抜き完了

除草と間引き

　クロマツの場合は、1年生稚苗の平均的な仕立本数を 500〜600 本／㎡とします。そのため、本数密度が高い場合は、徒長苗や生長が遅れた苗を選んで間引きます。本葉が出そろった梅雨明け頃と、8月下旬の2回に分けて間引きし、目標の仕立て本数にします。除草もあわせて行ってください。

胞子液の散布

　ショウロの胞子液は前年の冬〜春に採取した完熟ショウロからとります。原液中の胞子密度はきわめて高く、1mlあたり数億個になります。発芽床に撒く場合は300〜500倍に薄めて1m²あたり5ℓ程度、ジョウロで均一に散布します。なお、胞子と胞子液の作り方などについては、次項3を参照してください。

　1回目のショウロの胞子液の散布は、梅雨前の5月下旬に行います。その頃になると、稚苗の直根が地中に伸び、菌根を形成する細根が出はじめます。

　乾湿の差が大きく、塩害が予想される海岸砂地のような厳しい環境にマツ林を作る場合は、最初の稚苗の段階からショウロの菌根を苗木につけておくことが必要です。

胞子液の散布

床替えと育苗

　マツの育苗方法には、苗畑育苗法とポット育苗法があります。苗畑で育てる方法は、播種床で約1年間育てた1年生稚苗（アマコ苗、センコ苗）を新しい苗畑へ床替えし、さらにもう1年間育苗し、1回床替え2年生苗木とする方法です。ポット育苗法は1年生稚苗をポットに移植し、さらに1年間ポット内で育成し、2年生ポット苗として出す方法です。

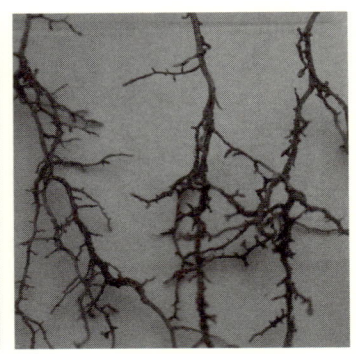

胞子散布後35日目の苗。この時点でショウロが菌根を作りはじめている。
左の写真の右4本は菌根がついていない苗、左はショウロがついた苗。右の写真は拡大

苗畑育苗

　マツは平均気温5℃前後から活動を開始するので、早春に床替えします。1年生苗を床替えする時期には、まだ根がほとんど広がっていないので、苗を密に植えます。列状に植えて、苗の間隔を6〜10cmとします。ただし、列の間隔は除草しやすいように、25cm程度としてください。

　苗を育てるうえで最も大切なのは、除草作業です。特に梅雨期から初夏にかけて、こまめに除草してください。マツ類は除草剤に弱いので、

使用しないください。せっかくできた菌根が消えることもあります。

苗畑育苗（1回床替え後）

ポット育苗

　苗畑育苗に比べると、ポット育苗は除草作業など管理面でずいぶん楽になります。また、活着率が高く初期成育も良好です。ただし、使用する用土やポットなどに経費がかかるという欠点もあります。
　京都府緑化センターで行っているポット育苗法の事例を紹介します。

ポット育苗の手順

①クロマツ1年生苗を用いる。ただし、小さなものや貧弱なものは除く。
②マツ苗の根を洗浄して泥を落とす。
③長い根はポットに収まるように、よく切れるハサミで切断する。
④使用するポットは、上径120mmの黒丸120とする。

使用する用土組成（容積率）の一例

　真砂土35％：赤玉土（中粒）35％：鹿沼土（中粒）15％：粉炭15％
この用土100ℓあたり、完熟乾燥牛糞3kgと溶リン100gを添加。
以上の材料をよく混ぜて、ポット用培土とします。

植え方と管理方法

①初めにポットの3分の1程度に底土（肥料を含まない上記の土）を入れる。
②マツ苗の根を底土の上に広げて置き、上記のポット用培土をかける。
③培土をポット容量の80～90％まで入れ、軽く押さえる。
④植え終わったポットはトレーに入れ、水につけて十分吸水させる。
⑤地面に接するようにポットを置く。
⑥梅雨前に播種床に散布した方法に準じて、苗が定着したのを確認してショウロの胞子液散布を行う。

（左）2年生の菌根つきクロマツポット苗
（上）ポット苗育成状況。菌根が見える

集団接種で菌根がついた苗

⑦ポット内にも雑草が生えるので、注意して除草する。

簡易な集団接種法

　前述のように、育苗苗畑でショウロの胞子を6月と11月に2度接種したのち、3月に掘り取って菌根のつき方を見ます。白い菌根が認められれば、肥料や有機物を含まない真砂土か、鹿沼土などを敷いた床に、まとめて植え替えます。これに使用する床は、縦長のコンクリートケースか、ビニールシートを張って地面の土と遮断した状態にしておきます。これはほかの菌が侵入するのを防ぐためです。

　20〜30％程度の感染率で苗の根に菌根ができていれば、それが接している根に移り、夏までにほぼすべての根に菌が移ります。このような簡便な方法で、菌根つきの苗を大量生産することもできます。ただし、ショウロをつけたつもりが、苗畑の土に混じっていたキツネタケに化けたりするので、菌の種類を特定した育苗には適さない場合があります。

3 菌根菌の胞子液と培養菌糸接種源の作り方

胞子液の作り方

使いやすいキノコ

　アカマツ、クロマツ、ゴヨウマツなど、マツ属の樹木と外生菌根を作りやすいキノコの胞子の採取法について、簡易な方法を紹介します。

　まず、マツ苗をどこに植えるか、その場所と目的によって菌根菌の種類が変わることを承知しておいてください。たとえば、海岸砂地のように、塩分濃度が高くアルカリ性の貧栄養土壌のところでは、アルカリ性土壌に強いショウロやコツブタケが適しています。

　一方、山地や造成地、庭園などに植える場合は、古生層や花崗岩、頁岩などの深層風化土壌が多く、弱酸性の赤土やマサ土が対象となります。この場合は、苗に容易に菌根を作るヌメリイグチ属のヌメリイグチ、チチアワタケ、アミタケなどが適しています。

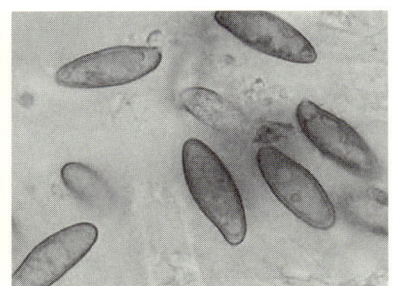

アミタケ（左）と胞子（右）

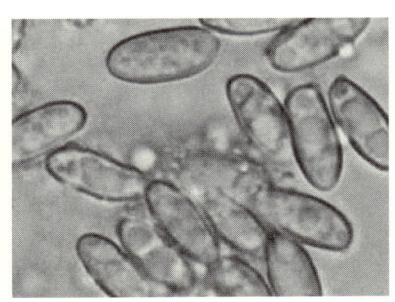

チチアワタケ（左）と胞子（右）

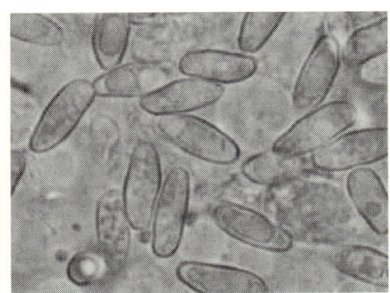

ヌメリイグチ（左）と胞子（右）

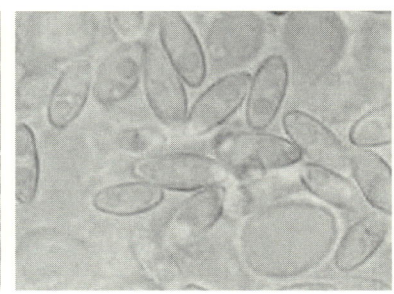

ショウロ(左)と胞子(右)

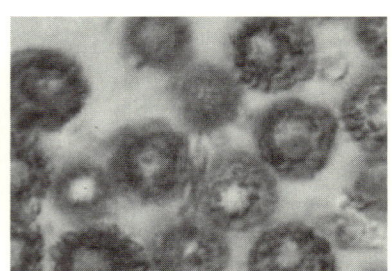

コツブタケ(左)と胞子(右)

キノコの採集

　樹木と菌根を作る担子菌類のキノコは傘などにできるヒダや孔、管、針などの表面に担子柄を作り、その表面に4個の胞子を作ります。

　キノコの採取時期は、種類によって異なります。ショウロは晩秋と春先、そのほかのキノコは夏から秋にかけて発生します。ただし、年によって発生量が大きく変わるので、前もって採集し保存してください。なお、コツブタケは数カ月間胞子を飛ばし続けるので、年中採集可能です。

　菌根菌の接種に使う胞子は成熟しているほうが望ましいので、ヌメリイグチ属などの傘型のキノコの場合は、十分傘が開いたものを集めま

す。ただし、古くなったものや腐りかけたものは、雑菌が混入しやすいので避けてください。3種の胞子液の色は、いずれも褐色です。

ショウロには、ショウロ（コメショウロ）とホンショウロ（ムギショウロ）がありますが、同じように菌根を作るので、実用上は区別する必要はありません。若いショウロは割ると中が白く、熟してくると鶯色に変わり、粘質になります。ホンショウロは、若いうちから中が鶯色です。

いずれも頭が地上に出て褐色になったものか、熟して軟らかくなったものを集めます。指で押して軟らかくなっていれば、胞子が熟しています。ただし、若くて硬いものでも、一定期間冷蔵しておくと熟します。コツブタケの場合は、若い袋状の子実体を割ると、白い粒が見えますが、胞子が熟すと茶色の粉状になります。

胞子液のとり方

傘型のキノコの場合は、腐った部分やごみを除いて、ヒダの部分だけを取り外します。ショウロの場合は、洗ってごみや砂を落とし、コツブタケの場合は胞子が熟している部分だけを用います。

とった材料に水を加えて、手で揉み砕くか、ミキサーで軽く粉砕します。加える水の量は生重量の10倍、たとえばショウロ1kgに対して、水10ℓとします。ただし、胞子のでき方が材料によって異なるので、加える水の量は適当に決めてください。肝心なのは、胞子の原液または散布時の胞子液に含まれる容積あたりの胞子数です。

コツブタケの胞子は、表面にとげがあるため水に溶けにくい場合があります。そのときは中性洗剤を一滴落としてかき混ぜます。胞子液の色

はコーヒーのような濃い褐色です。

　水の中で砕いた液には、キノコの組織が混じっているので、適当な布に入れてろ過し、胞子を絞り出します。ミキサーで強く砕くと組織の破片が混じるので、腐敗することがあります。

簡単な胞子液の作り方（チチアワタケ）

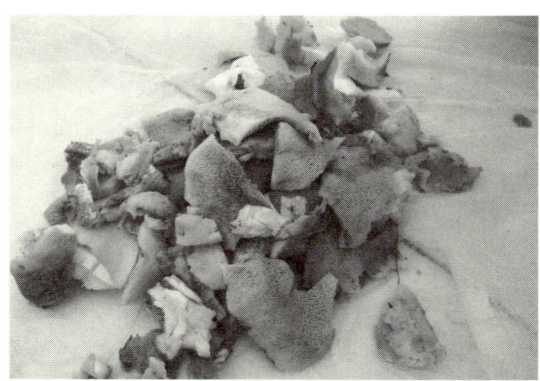

①キノコのヒダだけを
　丁寧に剥ぎ取る。

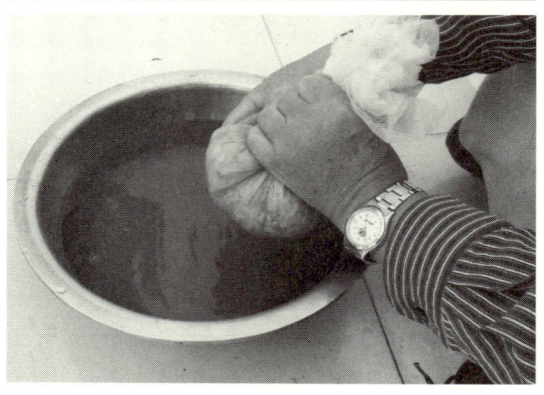

②ガーゼに包み水を、
　加えて強く絞る。

③ヒダの部分500gから胞子原液が3ℓとれる。

胞子と胞子液の保存法

胞子の保存

　採集したキノコをそのまま凍結保存し、散布時期直前に、上の方法で胞子をとり出すことも可能です。ただし、種類によって発芽率が下がることがあります。コツブタケはそのまま、室温または冷蔵保存できます。胞子液の原液をペットボトルなどに入れて保存する場合は、種類、採取地、時期などがわかるラベルをつけておきます。

　原液を凍結保存しても、1年ほどは発芽率はさほど下がりませんが、時間がたつにつれて低下します。冷蔵保存する場合は、ペットボトルの口をゆるめにしめてください。密封すると、発酵して爆発することがあります。

胞子数と発芽率の検定

　胞子液に含まれる胞子数を計数することは、胞子液を散布する際に目

安となるので、念のため計数しておいてください。胞子数の計数には、血液中の赤血球の数を数える「血球計算板」を利用するのが簡便です。作製した胞子液を段階的に水で希釈して、血球計算板を用いて胞子液1mℓあたりに含まれる胞子数を算出します。

前述の方法で作製した胞子液には、1mℓあたり通常 1×10^7 個程度の胞子が含まれているので、100倍〜1000倍に希釈してから血球計算板でカウントします。あまり濃い胞子液を使うと、カウントできなくなるので、「血球計算板」の1マスあたり10〜20個程度になるように希釈してください。

胞子の発芽率を確認するには、1mℓあたり 10^3 個程度に希釈した胞子液を寒天培地に100mℓ程度塗布して、25℃前後の暗黒下で数日間培養し、実体顕微鏡で発芽した胞子数を確認して、発芽率を算出します。

宮城県の玉田克志さんたちの林業試験場成果報告によると、培地としては浜田氏（改変）寒天培地（グルコース2％、酵母エキス0.2％、寒天1.5％、塩酸でpHを5.1に調整）が使われています。この培地に限る必要はありませんが、作りやすい簡単な培地組成のものが便利です。

胞子液の希釈法

前述の方法で作製した胞子原液は濃すぎるので、希釈して用います。たくさんのクロマツ苗に効果的に菌根を作らせるには、発芽率の高い状態のものを水で希釈して散布する必要があります。ただし、あまり薄めすぎると、菌根のできる頻度が低くなり、苗の成育にばらつきが出てきます。

作製した胞子液が1mℓあたり$1×10^7$個の胞子を含む場合には、100倍に希釈して1mℓあたり$1×10^5$個程度の胞子液を散布します。これまでの経験では、胞子の濃度を1mℓ当たり$1×10^5$個程度に保つと、菌根がよくついた苗ができました。

　このことから、キノコから1ℓの胞子原液を作った場合、希釈によって100ℓの散布用胞子液が調整できるので、およそ5,000から1万本の苗に接種することができます。

ひとくちアドバイス【菌根菌もいろいろ】

　ショウロつき苗を作る場合は、発生地がわかっているショウロの子実体からとった胞子液を散布します。ただし、休耕田やこれまで一般苗畑として使われていた畑を使用すると、多くの場合、強いキツネタケが先に菌根を作ってしまいます。キツネタケの菌糸もショウロと同じように白く、菌根もよく似ていますが、ショウロに比べて菌根がばらついてでき、菌糸がクモの巣のように広がるので、見分けることができます。

　なお、人工のマウンドなど、山土の上にクロマツを植えたい場合は、酸性土壌に適応できるヌメリイグチ属のキノコを使ってください。その場合は、たとえば、アミタケ、ヌメリイグチ、チチアワタケなどの胞子液を、単用あるいは3種混合の状態で使うこともできます。ただし、これらの菌は耐塩性が低いので、波をかぶる場所に植えるクロマツには適しません。

菌根菌の培養

なぜ培養菌糸が必要か

　現在のようにマツ林がなくなり、発生するキノコが少なくなると、昔に比べて空中を飛んでいる胞子の量も格段に少なくなっています。そのため、菌根つきの苗を作る場合は、必ず何らかの方法で菌を接種する必要があります。もし、植栽予定地の近くに健全なマツ林があって、ショウロ、アミタケ、チチアワタケ、ヌメリイグチ、ハツタケなどがたくさん発生していれば、わざわざ接種する必要はありません。

　しかし、植栽予定地の周辺にマツ林がない場合や、あってもキノコがとれない場合、ほかの地域から菌を導入したくない場合などは、菌根菌を培養して、接種源を作ります。また、菌根菌の同じ種でも、系統によってクロマツに対する成長促進効果や菌根菌自体の耐塩性など、性質が異なる場合があります。そのため、より高い効果を期待する場合は、選抜された菌株を用いた培養菌糸を用いることになります。要するに、種菌作りから始めます。

クロマツ菌根菌の培養

　クロマツの苗に接種するキノコは、ショウロ、アミタケ、チチアワタケ、ヌメリイグチ、ハツタケ、コツブタケなどです。

　これらの若い新鮮な子実体の内部組織を無菌的にメスで切り取り、適当な培地に植え付けます。一定期間定温に保つと、組織片から菌糸が伸びてきます。ただし、腐生菌に比べて、菌根菌の中には培養できないものが多く、菌糸の成長速度もきわめて遅いというのが一般的です。

これまで、多くの菌根菌に用いて成功率が高かった培地は、下に示す改変MMN寒天培地です。

【改変MMN培地の組成】

（培地1ℓあたりの成分量）

グルコース…………10.0g

酒石酸アンモニウム…………1.0g

KH_2PO_4…………0.5g

$MgSO_4・7H_2O$…………0.15g

$CaCl_2・2H_2O$…………0.05g

1% $FeCl_3$ 溶液…………1.2mℓ

0.1％塩酸チアミン溶液…………0.1mℓ

マルトエキス（Difco）…………3.0g

イーストエキス（Difco）…………2.0g

野菜抽出液…………10.0mℓ

pH …………5.5

　pHは上記試薬をすべて加えると、ほぼ5.5となります。寒天を加える場合は、溶液に対して通常1.5％とします。野菜抽出液については、市販の無塩野菜ジュース（カゴメ製）で代用可能です。
　また、抗生物質（たとえば、テトラサイクリンなど）の溶液をフィルター滅菌してから、培地に100～200mg／ℓ添加すると、細菌の混入を防ぐことができます。

菌根菌は一般に低温に強いので、培養温度は通常25〜28℃が適温です。種によって30℃を超えると死滅するものがあります。抗生物質入りの改変MMN寒天培地で7〜14日間培養すると、子実体の組織片から菌糸が伸びてきます。

　これを滅菌したメスで切り取って、抗生物質を含まない新しい改変MMN寒天培地に植え換えます。ショウロの場合、培養菌糸が旺盛な生育状態を保つのは20〜30日間ですから、この期間内に、新しい培地に継代培養を行います。というのは、ショウロやヌメリイグチ属などの菌根菌は培地中に褐色の色素を分泌する傾向があって、それが菌糸の成長を阻害するからです。

　菌株を保存したい場合は、改変MMN寒天培地を入れた斜面培地に植え付け、7〜10日間培養した後、4℃前後で保存します。保存期間は、直径18mm×長さ180mmの試験管を用いた場合、約1年が目安です。

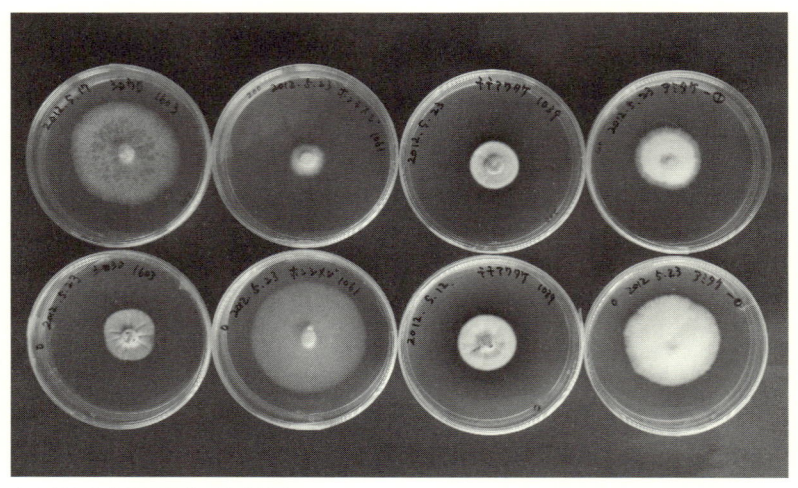

さまざまな外生菌根菌の培養菌糸

菌根菌の液体培養法

　実験的に菌を接種する場合は、寒天培地で培養した菌糸体を用いることができます。しかし、菌根菌の接種源を作るためには、菌糸体を大量培養する必要があるので、参考までにその方法を紹介しておきます。

　菌根菌の液体培養には、寒天を加えない改変MMN液体培地を用います。滅菌した改変MMN液体培地に寒天培地で培養した菌糸体片を3～6片接種します。

　振とう培養器を用いて、最初はゆっくりした速度で25～28℃、5～10日間培養します。その後、120～130rpm／minの速度で、旋回振とう培養を続けます。

　ショウロの場合には、菌糸の成育速度が速いため、通常14～20日程度で、直径3～5mm程度に成育した球状の菌糸体が得られます。なお、液体培養したショウロやチチアワタケの菌体は、4～5℃の冷蔵庫で6カ月程度は保存可能です。

培養菌糸接種源の作り方

クロマツ育苗用接種源の作成事例

　液体培養菌糸を接種源にするためには、適当な培地が必要です。培地は菌の種類によって異なります。基本は数種類の園芸用資材に木炭を添加し、これに改変MMN液体培地を加えて撹拌し、オートクレーブで滅菌したものです。

　たとえば、ショウロの場合は、粒径3～5mm程度の日向軽石とバー

ミキュライトを7：3の割合で混合し、そこへ粒径5mm前後の木炭を5〜10％混合撹拌します。これに改変MMN液体培地を40％加えると、適当に水分を保った接種源用の培地が出来上がります。

なお、弱酸性を好むチチアワタケやアミタケなど、ヌメリイグチ属の菌を接種源とする場合は、木炭の量を多少減らします。また、ハツタケやアカハツの場合は、さらに木炭の量を減らします。酸性好きのものほど木炭の量を減らすというのが原則です。

培養条件

25～28℃で培養した場合、培養期間はショウロで20～30日、チチアワタケで30～40日、ハツタケで40～50日となります。なお、ショウロのように培養期間が短いものは必要ありませんが、ハツタケのように培養期間が長い場合には、培地の乾き具合を見て、滅菌済みの改変MMN液体培地を補充する必要があります。軽く揺すりながら与えると、成長がよくなります。

培養容器

現在用いている培養容器は、透明のポリカーボネイト製で、容量は300㎖と700㎖の2種類です。これらを培養する菌根菌の種類や用途に応じて使い分けます。300㎖容器には培地が100～200㎖、700㎖容器には培地が300～500㎖入ります。培地の中で菌糸の成長を早くしたい場合は、滅菌したスプーンかガラス棒で時々かき回します。というのは菌糸が切れると、増殖速度が上がるからです。

培養菌糸の接種

　培地に菌糸が十分蔓延し、栄養物が消化されたら、接種源の出来上がりです。栄養物が残っていると接種後に雑菌が入るので、注意してください。

　育苗ポットで育てた発芽数週間の稚苗に接種する場合、接種源の量は大さじ1杯程度で十分です。これを育苗ポットの培土に埋め込みます。接種後1カ月経過した頃から、肉眼でも菌根が見えるようになります。なお、ポット土壌に有機物を混ぜると、雑菌が繁殖しやすいので、避けてください。肥料として7〜10日に1回の頻度で、リン酸の少ないごく薄い液肥（たとえば、ピータースの液肥NPK：25：5：20を100倍希釈したもの）を与えるだけで十分成育します。

　苗に菌根がついて半年以上経過し、新芽が十分伸びてきたら、ポットから出して苗床か、ケースに移して菌根のない苗と一緒に寄せ植えしておきます。このようにすると、1年後にはすべての苗に菌が蔓延して、新たに接種する必要がなくなります。また、特定の菌をつけた苗を同じ苗床でくり返し育てると、自然感染による菌根つき苗を容易に作ることができます。立ち枯れ病が発生しない限り、連作障害の心配はありません。

4　植栽の実際

植栽地の準備
地拵えが必要

　海岸マツ林を作るうえで最初に取り組む大切な作業が地拵えです。日本中どこでも、クロマツが枯れた跡はニセアカシア林やササ、ススキなどが茂る荒廃した原野に変わっています。今一度その場所にマツ林をよみがえらせるためには、現在はびこっている雑灌木や雑草などを根こそぎ取り除く必要があります。その理由については、後述の解説で触れます。

　海岸の植栽地は、大きく分けて、①クロマツ単純林の枯れ跡地、②ニセアカシア混植林の枯れ跡地、③ササ、チガヤ・ススキなどの群生地になります。

地被物と表土の除去
①クロマツ単純林の枯れ跡地

　クロマツ単純林がマツ枯れによって一斉に枯死し、天然下種によって更新したところでは、ほぼ同樹齢の稚樹が密生しています。特に落ち葉の堆積量が少なかったり、コケが地表を覆っていたりしたところに、そのような例が見られます。これを放置しておくと、過密のために細くて弱いマツになるので、強度に間伐します。高さ1mを超える場合は、

1m四方に1本ないし2本残すように間引きます。ただし、一時にやると雑草が入るので、数年に分けて段階的に行います。根の競合が激しいので、根から引き抜くほうが効果的ですが、刈り取るだけでも十分です。腰高以下の場合は、ベルト状に機械で刈り取ります。この作業は更新後5年以内に、できるだけ早く実施するほうが、作業もしやすく効果的です。マツの間伐材は無煙炭化器（モキ製作所）で炭化し、植栽時に使えるようにしてください。間伐後の除草や落ち葉かきも必要です。

天然下種更新で密生しているクロマツ稚樹（石川県加賀海岸）

②ニセアカシア混植林の枯れ跡地

　ニセアカシアを伐採した直後に、灯油、軽油、廃油などの油類を切り口に塗りつけておきます。こうすると、油が浸透して根まで達し、萌芽が妨げられます。ニセアカシアだけでなく、多くの広葉樹もこれで枯殺

できます。もし、効かない場合は、除草剤のラウンドアップを塗ってください。このようにして広葉樹を処理したのち、③のやり方で地表整備を行ってください。なお、切り出した木はできるだけ炭化するなど利活用を考えてください。

③ササ、チガヤ・ススキなどの群生地

ニセアカシア混植跡地

重機による地拵え作業

これまでの経験から、草刈り機で刈り取った後、そのままの状態で植えると、ほぼ間違いなく植えたマツの苗が数年で枯れます。表土の剥ぎ取りは重機（バックホウ）を使って丁寧に行います。長年放置されていたところでは、有機物の多い層が10cmを超え、雑木雑草の根も増えています。表土と根株や根をすべて取り除くと、その下にきれいな砂の層が現れてきます。地拵え作業はこの状態になるまで徹底的に行います。なお、かき取った表土は、汀線から離れた内側の窪地に埋めて、その上に花木や広葉樹を植えてください。

ひとくちアドバイス【被災地での植栽地造成について】

　津波被災地で瓦礫の処理が必要となっているケースについて、基本的な事柄について書いておきます。木材やごみなどの有機物を含む瓦礫は積み上げておくと、最初は海水を含んでいるため発熱発酵しません。しかし、時間がたつにつれて耐熱性のある細菌や放線菌が増殖し、嫌気的発酵が進みます。それにともなって有毒ガスや可燃性の揮発成分が発生し、自然発火しやすくなります。おそらく表面を土で覆うと、さらに嫌気的になるので、長期間燃え続ける恐れがあります。

　このような現象は、過去に輸入外材の樹皮の山が清水港で自然発火して炭化した例や、インドネシアやフィリピンのスモーキーマウンテンと呼ばれているごみの山の例に見られます。堆積物の内部は温度が上がると乾燥し、発火します。発火しないまでも有機物が分解するにつれて、有機物や重金属を含む液体が底にたま

り、時に流出することがあります。要するに有機物の多い瓦礫は、将来的にも問題が生じやすいといえます。

　樹木の根は基本的に空間と水があるところへ伸びていきます。直根は空隙を探して下方に伸長し、障害物や有害物にあたるとそこで止まります。特にマツの場合は、直根が立地条件を探るセンサーのような役割を果たしています。そのため、人工的に作られたマウンドに有害物がない場合には、基盤の岩盤や水に行き当たるまで伸びます。したがって、マウンドの底に海水が入ると、根の伸長がそこで止まり、枝分かれして先端が腐ります。コンクリート瓦礫を積み上げた場合には、アルカリ性に強いクロマツの根がよく伸長します。反対に酸性好きの植物には、場合によってアルカリ障害が出ることがあります。

　瓦礫と土壌を層状にして積み上げ、ブルドーザーで均すのが一般的なやり方ですが、根は有機物の層があると、そこで横方向に伸びて下へ入りません。また、ブルドーザーで粘土質の土壌が強く圧結されると、根はそこで止まり、伸長しなくなります。マツ類はこのような基盤造成のやり方に敏感に反応します。

　有機物が発熱発酵している場合には、有害物と乾燥のために根が成長できず、主根の先端が腐るので衰弱しやすく、病虫害の発生を招きます。また樹種によって反応が異なるため、試験用のマウンドを作り、複数の樹種について植栽試験をしておいたほうが無難です。また、海岸林造成の場合、過去の混植試験結果などを参考にして、混植用の広葉樹を選んでおく必要があります。

造成地に外生菌根を作る樹種を植える場合には、できるだけ有機物を含まない基盤を作ることが大切です。大量施肥やバーク堆肥の過剰使用は、将来枯死を招く原因になります。樹木が育つには長い年月がかかるので、短期間の生育状態で判断するのは危険です。植物は種ごとに特性があるため、それに沿った仕立て方をしていただきたいのです。

クロマツ苗木の植え方

高密度植栽と混植の効果

　海岸林の場合は、従来ヘクタールあたり1万本植え（1m間隔植栽）が行われてきました。今も多くの場合、それに従っています。ところが、最近は草の侵入とその後の成長が早く、広い間隔で植えると数年で草地に変わってしまいます。

　このような雑草の侵入を抑えるために、苗畑で育てた2年または3年

高密度植栽（クロマツ 0.8 × 1.0m）

（クロマツ、トベラ 1.0 × 1.0m）

　生苗を70〜80cm間隔で密植します。植える苗が小さければ、運搬が楽で根を切っても再生しやすく、経費も安く抑えられます。また、クロマツが枯れた場合を考えて、潮風に強いトベラ、シャリンバイ、マサキなどを同じ間隔で1列おきに混植します。これらの混植用の常緑灌木は、地方によって異なりますが、その地方在来のものを選んでください。マツと同時に種子をとり、苗を作っておきます。

　このようにすると3、4年でほぼ閉鎖され、雑草の繁茂が抑えられます。ただし、早く枝が重なり合うので、5年間隔で間伐していきます。そのやり方については後で触れます。

苗畑で育てた苗の植え方

　2、3年生苗の場合は、植え穴の見当はシャベル1杯分、深さ約20〜25cm、穴の直径25cm程度にします。穴の底に粉炭（径2cm以下の木炭）を1ℓほど入れて苗の根を広げて植え、苗を揺すりながら砂で覆い

ます。植え終わったら、根元を軽く踏んで固めます。菌根のない苗を植えた場合は、その上からじょうろで胞子液を撒きます。

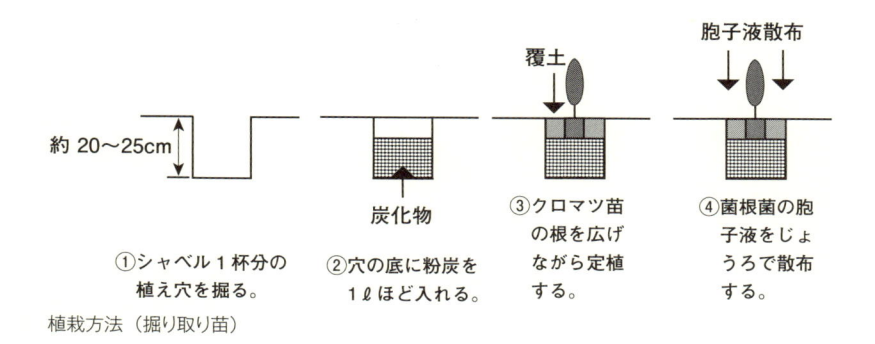

約20〜25cm

① シャベル1杯分の植え穴を掘る。

② 穴の底に粉炭を1ℓほど入れる。
炭化物

③ クロマツ苗の根を広げながら定植する。
覆土

④ 菌根菌の胞子液をじょうろで散布する。
胞子液散布

植栽方法（掘り取り苗）

ポット苗の植え方

　ポット苗を使う場合はもっと簡単です。深さ25cmほどの植え穴を掘り、そこに粉炭を1ℓほど入れます。ポットから苗木を取り出して植え穴の炭の上に置きます。周りの砂で埋め戻し、軽く踏みつけて完了です。

　なお、ポットで確実にショウロの菌根を作らせた苗は、菌根ができているので植え付け後に枯れる心配がありません。

　一般に苗木の植栽は春に行います。古くから「2月の捨て松」といって、2月中に植えたマツは捨てておいても枯れないといいます。マツ類の根は2月から3月にかけて地温が上がりだす頃に伸びはじめます。したがって温暖な地方では、遅くとも3月中に植えてください。寒冷な地方でも、4月上旬までには植え終えてください。4月に入ると、地温が上がって根が動きだすので、出たての若い根が傷つき、活着しにくくな

るというわけです。最近は温暖化の影響で、植える時期が早まっています。植えた苗木を枯らしてしまう一番の原因は植え付け時期の遅れです。

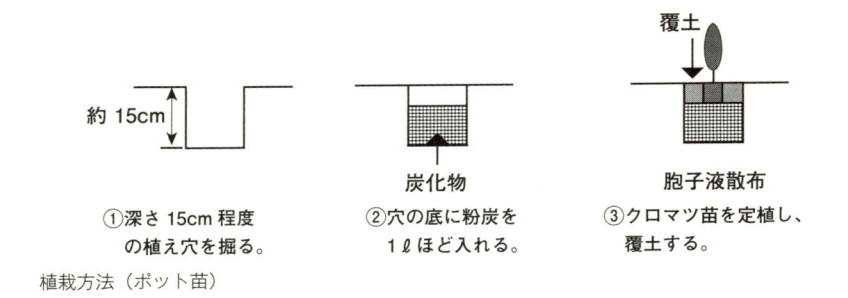

① 深さ15cm程度の植え穴を掘る。
② 穴の底に粉炭を1ℓほど入れる。
③ クロマツ苗を定植し、覆土する。

植栽方法（ポット苗）

植栽後の手入れ

草取り

ニセアカシア混植林の跡地では、わずかでも根が残っていると、萌芽してくるので、できるだけ取り除いてください。表土を完全にはぎ取って植えた場合でも、1年もたたないうちにイネ科の草本植物などが侵入してきます。ことにチガヤは痩せ地に強く、根茎の断片から芽を出し、根が深いので厄介です。

有機物が少し残っているとハルジオンやヨモギ、セイタカアワダチソウなどの広葉の草本植物が繁茂するので、種子ができる前に除草します。抜き取るほうが効果的ですが、刈り取るだけでもかなり退治できます。

クローバーやクズ、キササゲ、カラスノエンドウなどのマメ科植物は、ニセアカシア同様、土壌中に窒素がたまる原因になるので、早めに

退治してください。

　除草するのは、地上部の競争をなくすためだけではありません。マツ類の直根は深く入りますが、水や栄養をとる吸収根は地表に上がってきます。そのため、ササやチガヤ、ススキなどの根が地表を占拠していると、競争に負けて根が張らなくなります。マツは元来競争相手のいないところへ入ってくる先駆植物ですから、根のほうも競争を嫌います。

落ち葉かき

　海岸沿いの地域には「コデカキ」「コッサカキ」「オチバカキ」など、それぞれ独特の呼び方が残っています。落葉やマツカサ、枝や枯れ木などは数百年にわたって大切な家庭用燃料として使われ、落葉採取は人々の暮らしに密着した慣習でした。海岸林はそこに住む人にとって、長い間いわゆる里山だったのです。

　この生活習慣は化石燃料が普及するまで続きましたが、1970年代の高度経済成長の頃にはすっかり姿を消してしまいました。したがって、多くの海岸林は特殊な場所を除いて、40年以上放置されたままになりました。

　ほとんどの人は、植物が育つためには水と養分のもとになる腐葉土が必要で、落ち葉をとるのは有害だと教えられ、それを信じています。なかにはマツ林の野生動植物が大切だという人もいます。しかし、マツ林が消えたら、その中で養われていた動植物はどうなるのでしょう。

　落ち葉かきは必要ですが、毎年行う必要はありません。3年に一度で十分です。というのは、あまり頻繁に落ち葉をとると、被覆物がなくな

るので、砂が動くか、砂の質によっては表面が固まって、かえって根が伸びなくなるからです。薄い地被物のあるほうが、根も菌根菌もよく繁殖できるのです。

落ち葉のかきとりとかき起こし

ひとくちアドバイス【落ち葉かきの効用】

　落ち葉がたまって、落葉（L）、粗腐植（F）、腐植（H）層などの A_0 層と有機物が混じった A 層ができると、落葉を分解する腐生性のキノコやカビ、細菌、小動物などが増えて、次第に菌根菌が消えていきます。というのは、先駆植物のマツに共生する菌根菌も、マツと同じように痩せた土を好み、有機物を嫌う性質が強いからです。なお、広葉樹につく菌根菌は落葉層や粗腐植層に菌糸を広げる性質を持っているので、落ち葉が積もったほうが望ましいというわけです。

　一方、マツの根は好気性が強く、特に水や養分を吸収する細根

は、地表近くに上がってきます。そのため、ある程度落ち葉がたまると、根が地表に集まり、粗腐植層や腐植層の中に入ります。しかし、そこには相性のよい菌根菌がいないので、菌根ができません。マツ類は菌根菌に助けられて水や養分を吸収する性質があるので、菌がいないと吸収力が衰えて衰弱します。

　マツもほかの植物同様、水や養分が豊富にあると、見かけは元気に成長します。ところが、窒素やリンの量が多く、水が豊富にあると、主根は伸びますが、細根が出ず、菌根も作らなくなります。菌の助けが要らなくなるようです。逆に、土が痩せて乾いているほど助けが必要になるので、菌根ができやすいというわけです。

　肥料を撒いたり、根元に落ち葉を積み上げたりすると、初めのうちは確かに根も地上部もよく育ちますが、行き過ぎると栄養過多に陥り、根も芽も徒長して、いわゆる成人病症状になります。菌根菌の菌糸に包まれていないむき出しの根は、乾燥や凍結、土壌病原菌の攻撃などに弱く、1年で黒く腐ってしまいます。これに反して、いったん菌根になった根は寿命が長く、枝分かれするので、根の量自体が増えていきます。

　マツ林を健全に保つには、低灌木や草の刈り取りと落ち葉かきが必須ですが、それにはいくつかの理由があります。1つは落ち葉の量を減らして落葉層を薄くし、それによって菌根菌の邪魔になる微生物や小動物を除くこと。2つ目は土をひっかいて細根を切り、根を再生させて菌根菌がつきやすくすること。3つ目は土を痩

せさせて菌根菌の増殖を促すことです。

　このようにして地下部を健全に保つと、病虫害に対する抵抗性が増して、マツ林自体が健全に保たれるようになります。言い換えれば、これは先駆植物としてのマツが森林を形成しはじめた頃の状態、すなわち生態系を若く保つこと、もしくは植生遷移の初期段階にとどめておくことを意味しています。人間が作った人工的な生態系を長期間維持しようと思うなら、いやでも応でも手入れを怠ってはならないのです。

　海岸のマツ林は自然に出来上がった天然林ではありません。しかし、海岸線を災害から守るには、これしか方法がないのです。放っておいて広葉樹林にしろという声も多いようですが、今内陸にできはじめた広葉樹林は、前線のマツ林に守られて、ようやく成立したのだということを忘れないでください。もし、前線のマツ林がなくなったら、間違いなく広葉樹が枯れて、また砂が動きはじめることでしょう。そんな失敗を私たちの先祖は何度も目の当たりにしてきたのです。白砂青松は長い間の経験と苦闘が積み重なった結果なのです。

5　海岸林の維持管理

下刈りと間伐

下刈りの意味

　草取りや蔓切りなどの作業は、苗木を植えた後数年間、毎年続けます。苗木が小さいほど雑草や雑木に押されて、地上部だけでなく根も張らなくなるので、下刈りは励行してください。こうすると、マツは陽光をいっぱい浴びて元気に育ちます。早ければ2年目くらいからショウロも出てくるので探してみましょう。植えたまま放置すると、たとえ菌根がついていても苗が枯れてしまいます。

　苗木を密植する理由は、苗木同士を競争させて、できるだけ早く枝を張らせ、地表を覆うようにするためです。マツの枝葉が茂って日陰ができると、雑草の繁茂もある程度抑えられます。

間伐の実際

密度管理とマツ林の利活用

　津波被災地で確認されたことですが、江戸時代から戦前にかけて植えられた古いマツ林は、間伐や落ち葉かきが行われていたため、根がよく張り、流されずに持ちこたえました。しかし、50年未満の新しいマツ林は放置されていたために根が浅く、根こそぎ流されてしまいました。

　今後仕立てる海岸防災林は、育成期間を通じて計画的に密度管理を行

い、林床の手入れを励行して、樹高が低く下枝が張った、枝張りのしっかりした林分にする必要があります。このような樹形になると、根系が発達して砂の移動を押さえる力、いわゆる緊縛力が強くなり、津波や高波にも耐えることができるようになります。

除間伐はマツ林の将来を決める大事な作業ですが、切り取った若いマツはお正月の飾りマツとして販売することもできます。間伐材はマツ枯れ予防も含めて、できるだけ炭化し、その炭を育苗や植栽に使います。林床をきれいに保てば、ショウロやアミタケ、シモコシなどもとれるでしょう。また、かき取った落ち葉は野菜の育苗用など、堆肥の材料として使えます。私たちは、海岸林が海沿いに暮らす人々の里山としてよみがえることを願っています。

第1回間伐作業（林齢4〜5年程度）

1m以下の間隔で植栽した場合は、4、5年後に下枝同士が触れ合うようになるので、この時期に抜き取り作業（間伐）を行います。苗木の生育状態にもよりますが、思い切って2分の1程度まで本数を減らします。

これまでの海岸林の仕立て方は、景観面を重視するあまり、間伐をできるだけ控えてきました。そのため本数密度が高く、外見は立派でしたが、林内は透けて見えるほどでした。単木としては枝張りが悪く、下枝の少ない、徒長気味のマツになっていたのです。このようなマツ林は防災面で弱いだけでなく、病害虫や風雪害に対しても抵抗力が弱くなります。

第2回間伐作業（林齢7～8年程度）

　当初、10アールあたり1,000本（1m間隔）だったものが、1回目の間伐が終わった段階で500本程度（1.5m間隔）になっています。この段階で2回目の間伐作業に入ります。

　樹齢はまだ若いですが、すでに隣接木との枝の競合が始まっています。マツは陽光を好むので、若い間は樹高を伸ばすよりも、枝を広げて自分の領域を広げようとします。この時点で下枝の張りが十分であれ

間伐前

間伐後

ば、しっかりしたマツを選んで10アールあたり150～200本になる程度まで間伐します。

樹の形（樹型）を表す数値のひとつとして、樹高（h）と樹冠幅（w）の関係を示す形状比（w／h）を求めます。理想的には、この値が0.8を下回らないよう、隣接木との競合を緩和するための間伐を続けます。

第3回間伐作業（林齢15～20年程度）

3回目の間伐は、樹齢が高くなっているので、伐採量も多く、切った木の処理方法を考慮しながら進めてください。切ったまま放置すると、マツノザイセンチュウを運ぶマツノマダラカミキリの餌場になりかねません。

間伐の目安は、10アールあたり30～40本程度とします。おおよそ5～6m間隔で、樹高6～8m、樹冠幅5～7m、枝下高1.5～2mが理想的です。

この頃になると、下草や灌木が盛んに侵入してきます。下草刈りや落ち葉かきなども定期的に行ってください。薬剤散布など、マツ枯れ対策も必要になります。3回目の間伐作業が終わった段階で、海岸林の原型が出来上がります。3回目以降の間伐作業は、10～15年間隔で行います。

壮齢林の手入れ

樹齢が40年を超えた壮齢林になると、立木本数が10アールあたり10～20本程度になり、樹高15m、胸高直径50～60cm、樹幹幅13m程

度の下枝が張った頑強なクロマツになります。これでようやく機能的な海岸防災林が造成されたことになります。

　100年以上たつと、林内に空間が広がるため、裸地を作っておくと、天然下種した幼樹が育ち、樹齢の異なるマツが混じった異齢林が出来上がります。これが防災上、役に立つ本当の白砂青松なのです。繰り返しになりますが、この状態を保つには、絶えず雑木草の除伐を行い、落ち葉かきを続けなければなりません。手入れを怠ると、放置してから5年ほどで確実にマツ枯れが広がります。

ほんとうの白砂青松（40年前に撮った写真。名取市閖上浜）

既存マツ林の手入れ

　現在残っている海岸クロマツ林の多くは、手入れ不足のために広葉樹が侵入し、灌木やササ、草などが茂って崩壊寸前の状態にあります。津波被災地に残っていた多くのマツ林も同じ状態でしたが、波浪を抑える

一定の役割を果たしていました。今後、津波や高潮の被害が予想される地域では、どうしても残っている林分を維持しておく必要があります。

　数百年から数十年生きてきた海岸林を生き返らせるためには、下生えの除去と厚い落ち葉や腐葉土を除き、衰弱している木の根元に炭の粉を埋めて根を再生させる以外に方法がありません。人手が必要ですが、地域の人とボランティアの人が協力して、少しずつ手入れしてくださるよう願っています。

　放置された既存林では、最初に常緑広葉樹を残して落葉広葉樹を伐採します。次に灌木や草を刈り取ります。草の根と一緒に厚く積もっている落ち葉と腐葉土を、砂が見える程度まではぎ取ります。その中に入っているマツの細い根は切れますが、そのほうが根の再生には効果があります。はぎとった落ち葉や表層度は、石炭をまぜて林内につみあげ、腐らせて園芸用の腐葉土にします。

　このようにすると、数年で腐植が少なくなり、地表が新しい落ち葉で覆われるようになります。砂の表面が落ち着いてキノコが出はじめたら、効果があったと判断します。落ち葉かきは2、3年おきに実施してください。毎年強く落ち葉をかき続けると、砂の表面が硬くなり、根が下へもぐってしまいます。

　樹勢回復には、粉炭というより径1から2cmほどの木炭のかけらを用います。マツの場合は、地表に撒いただけではさほど効果があがらないので、炭を埋め込みます。

　立木の本数が多い場合は、木の間に深さ15cm、幅30cm程度の浅い溝を切り、その中へ炭を厚さ10cmほど入れます。大きなマツの場合

は、根元から外側へ向かって表土を取り除き、太い根を露出させ、根を炭で覆います。炭の上から少量の熔成リン肥をばらまきます。目安は10cm角に2〜3粒です。その上から、先に述べた菌根菌の胞子液を散布し、腐植などが入らない、きれいな砂で覆います。これまでの例からすると、1年後には見違えるように元気になります。

　木炭の入手が大変ですが、モキ製作所の無煙炭化器という簡易炭化炉で炭を作ることができます。枯れたマツや伐採した灌木など、乾いた材料が手に入れば、誰でも炭を作ることができます。なお、炭と菌根による樹勢回復については、巻末の参考文献をご覧ください。

6 解説

　先に述べた方法を実践していただくために、基礎になる事柄を簡単にまとめておきます。

　1980年頃、クロマツの根元にバーク炭の粉を埋めておくと、半年後によく根が出てショウロの菌根ができることがわかりました。炭だけでなく、少量（重量比で0.1％程度）のリン酸肥料や尿素を加えると、ショウロの発生量が増えました。その後、この方法はマツの育苗や植栽にも使われ、今は樹勢回復法として普及しています。また、農業でもバイオチャーとして、世界的に知られるようになりました。なぜ、炭が植物に効くのか、これまでにわかったことを要約しておきます。

炭の特性

　木炭には大きく分けて、800℃以上の高温で焼かれた白炭と500℃前後で焼かれた黒炭の2種類があります。いずれも高温で焼かれているので、有機物がなくなり、木炭の場合、揮発分や灰分以外は純炭素で、炭素率は80％を超えます。木炭にはミネラルがごく微量しかないので、肥料にはなりません。

　黒炭の場合は、細胞壁が炭化して小さな管状の孔が多い構造になっており、アルカリ性で、pH8～9になります。一方、白炭は炭化温度が高く、「ねらし」という段階でガスが燃えるため、孔がつぶれて、pH10以上の強アルカリ性になります。350℃前後の低温で炭化した炭は、弱

アルカリ性で、揮発分が少ないものは酸性好きの植物に適します。

　炭の孔の形や性質は、温度や時間などの炭化条件だけでなく、炭の素材によっても異なります。ナラやクヌギなどの広葉樹の材には春材と秋材があるため、大小の孔が混じっており、細菌やカビなどの成長に適しています。広葉樹の樹皮の炭は孔の構造が複雑で、ミネラルが多いためA菌根菌や根粒菌が繁殖しやすく、それらを必要とする農作物の栽培に適しています。白炭は孔が壊れていて、強アルカリ性のため根や菌根菌の繁殖には適しません。そのため、農作物や樹木に通常使われているのは、細孔が多く、弱アルカリ性の黒炭です。

　一方、マツ、スギ、ヒノキなどの針葉樹材の炭は、管状の孔が規則的に並んでおり、灰分が少ないので、いわゆる癖がなく、樹木に用いると効果的です。入手しやすいこともあって、現在使われているバイオチャーのほとんどは針葉樹の炭とモミガラくん炭です。なお、針葉樹の樹皮炭はミネラルが少なく、細孔も少ないので、広葉樹のものに比べると、多少効果が劣ります。

　タケ炭は構造の点で木炭によく似ていますが、灰分が多く、特にマダケの炭は強アルカリ性になることがあります。その場合は水に浸して、いわゆるアク抜きをします。

　モミガラくん炭は農業でよく使われていますが、軟らかくて砕けやすいので、木炭に比べて効果が長期間持続しません。特に樹木の場合のように層状に用いると、押しつぶされて1年ほどで効果がなくなります。ただし、土にまぜて使うと、十分苗が育ちます。タケ炭もモミガラくん炭もイネ科植物ですから、シリカの含有率が高く、木炭に比べて炭素率

が低くなっています。

炭の施用法

　炭の施用法は、草本植物の農作物と樹木で大きく異なります。1年生や多年生の農作物の根系は、樹木に比べると狭く、細根が多いので、根と炭との接触チャンスを多くするため、根が及ぶ範囲の表層土に炭をすき込みます。

　一方、マツや庭園樹、果樹などの木本植物の根はまばらに分布しているので、根が多い位置に塊にして埋め込みます。ただし、育苗苗畑やポット育苗用培土の場合は、農作物と同じように、土と炭を混合します。これは、芽生えの根が強いアルカリ性の炭に触れて障害を起こすのを避けるためです。この場合は必ずしも木炭である必要はありません。

　大きくなった成木の場合は、根系が広くて根の密度も低いため、炭を表層土にすき込むと、根と炭の接触チャンスが少なくなります。そのため、穴や溝を切って根を露出させ、根を覆うように層状に埋め込みます。また広葉樹の場合には、落ち葉を剥いでから炭を厚く撒きます。こうしておくと、根が自分から水と空気を求めて炭の層の中に入ってきます。

　径3cm以上の大きな炭を埋めると、太い根は出ますが、菌根を作る細い根が少なくなります。最大径2cmの細かなものを入れると細根が多くなり、菌根もよくつきます。

　活性炭のような細かな炭を塊にして入れると、孔隙が少ないために根は塊の外側だけについて中に入りません。また、活性炭や備長炭は根の

成長を阻害することがあります。植物用に値段の高い炭を使う必要はありません。

　なお、農業で使う場合は、与える炭の量が少ないと1、2年で効果がなくなりますが、多いと3年は効果が持続します。ただし、過剰に与えると、アルカリ性が強いので、はじめは成長阻害が起こります。樹木に対して層状に入れた場合は、少なくとも10年は効果が持続するので、毎年施用する必要はありません。

炭と微生物

　通常の黒炭は細孔の多い無機物ですから、表面積が広く空気や水を保持する能力が高く、肥料などの化学物質も吸着しやすくできています。炭を土に埋めると、微生物の餌になる有機物がまったくないので、最初に入ってくるアルカリ耐性のある細菌類でも、ほとんど繁殖できません。

　しかし、炭を埋めてから1週間たつと、わずかに有機物が炭に吸着されるため、細菌が急速に増殖しはじめます。炭に少量のリンや窒素、有機物などを加えると、さらによく増殖します。しかし、3カ月以上たつと、徐々に減りはじめて元の状態に近くなります。

　この最初に入ってくる細菌グループの中に、アゾトバクターやバイエリンキアなどの空中窒素固定細菌がいます。この仲間が微量の窒素を貯めはじめると、植物の根がさらに近づいてくるように思われます。

　次に来るのが、根粒菌や菌根菌など、ほかの微生物との競争に弱い共生微生物です。この仲間は植物の根がないと生きていけないので、炭に

逃げ込んでくると思われます。実際、顕微鏡で見ると炭の孔に根粒菌がへばりつき、Ａ菌根菌の菌糸が絡みついているのが見えます。

　このようにして、炭に多少窒素や有機物がたまると、植物の根がますます増えてきます。マメ科植物の場合は、根粒菌がすぐ感染して根粒を作り、いくつかのＡ菌根菌の胞子も炭の上でよく発芽して、近づいてきた植物の根に菌根を形成します。これらの共生微生物の働きによって、水や養分が植物に運ばれ、作物の成長が促進され、収量が増えることになります。また、根が炭を抱くように成長するため、炭に含ませておいた少量の肥料も無駄なく使われます。

　なお、炭は肥料ではないので、ごく少量の有機肥料か化学肥料を加えないと効果が上がりません。化学肥料の場合は重量比で0.1％程度、鶏糞や牛糞堆肥の場合は体積比にして30％程度で十分です。

　これまで30年近く植物に炭を使う仕事にかかわってきましたが、炭を農作物や樹木に施用して、土壌病害が蔓延したという話は聞いたことがありません。それは、植物病原菌がアルカリ性の強い炭を嫌うためのようです。土壌に住んでいる植物病原菌のほとんどは、元来有機物を分解する腐生菌で、酸性条件を好む性質を持っています。そのため、pH8以上の炭の中では病原菌が増殖できず、まして餌になる有機物がないので、たとえ入ってきても生きていけません。また、アルカリ土壌に耐えられる細菌も病原菌を抑えるのに役立っているのかもしれません。

　病原菌が入らず、共生する根粒菌、Ａ菌根菌、ショウロなどの特定のキノコだけが繁殖できるので、炭は安全な素材だったというわけです。要するに、炭は植物にとって有利に働いてくれる微生物を選択して

いることになります。

　したがって、クロマツの苗を育てる場合も、土壌に炭を混ぜておくと病原菌が入りにくく、アルカリに強いショウロのような特定の菌根菌だけが優先的についてくれます。

　海岸の砂には炭酸カルシウムを含んだ貝殻が多いので、砂はpH8程度になっており、新しい砂浜ほど菌根菌の種類も限られています。ほとんどの菌根性キノコは酸性土壌を好むので、海岸林のキノコの種類はアカマツ林に比べて少ないというわけです。

　砂丘の砂が安定し、次第に風化して土壌化すると、有機物が加わる表層が酸性になり、アカマツや広葉樹が侵入してきます。キノコや動物の種類も変化し、海岸林にマツタケまで出るようになります。植物遷移は地上部だけでなく、土の中でも着実に進んでいるのです。

マツの特性

先駆植物として

　マツ科植物は恐竜がいたジュラ紀（1.95億〜1.41億年前）に現れ、マツ属は白亜紀（1.41億〜0.65億年前）の中頃、今の北米大陸で生まれました。そのためマツ属の樹木は北米大陸に最も多いといわれています。なお、南半球には、近代になって持ち込まれたもの以外、マツ属の樹木はありません。

　アカマツが出てきたのは、大陸の位置が今のようになった第三紀（0.65億〜0.02億年前）で、クロマツはそのあとの第四紀に分かれたといわれています。そのため、アカマツとクロマツは今も交雑しやすく、

海岸近くではアイグロマツが見られます。スギやヒノキに比べて、マツ属の樹木は針葉樹の中でも比較的新しく出てきた仲間なのです。

新しく生まれた植物が暮らせるのは、競争相手が少ない厳しい条件のところに限られます。元来、マツの仲間も、ほかの植物が繁茂できないほど乾燥した寒い場所や、土が痩せているところに育つ性質を持っていました。種子は乾燥や低温に強く、発芽率が高いだけでなく、針葉樹の中では成長が早く、集団になって育ちます。そのため、ほかのものに先駆けて荒れ地に入ってくる先駆植物、パイオニアプラントと呼ばれているのです。

どこにでも生えるので、マツは一見強そうに見えますが、実際は環境の変化に敏感な弱い植物なのです。マツの芽生えが育つのは、落ち葉の積もった林内ではなく、裸地に近い痩せたところです。自然に生えた場合でも、苗畑でも根がフザリウムやフィトフトラなどの病原菌に侵されやすく、よく立ち枯れします。そのため、昔は天然更新を促すため、馬にレーキを引かせて地表の落ち葉を剥ぎ取ったといいます。また、苗畑では殺菌するために木酢液を使いました。今は殺菌剤が使われているので、病気の発生は減りましたが、困ったことに菌根菌がつきにくくなりました。

成木になっても、マツの材線虫(ザイセンチュウ)病や衰弱によって、100年以上も大規模に枯れ続けています。材線虫病で枯れているのは二針葉のアカマツ、クロマツ、ヨーロッパアカマツなどですが、これらはいずれも新しく出てきたグループです。新しい生物は繁殖力が強く、一斉に生息域を増やしますが、試練を受けた期間が短いため病虫害に弱く、劇的に消滅

していきます。これが生物界の掟なのかもしれません。

根について

　まず、稚苗の根を見てみましょう。マツ類は発芽すると、まっすぐ下へ伸びる根、直根を出します。1カ月ほどして本葉が動き出すと、細い側根が出てきます。菌根菌がつくのは、この側根だけで、通常主根にはつきません。細い根について菌根を作った菌糸は、そのまま伸びる根についていきます。根は菌が出すホルモンに刺激されて枝分かれし、次第に根の量が増えていきます。

　次に育ちはじめた若いマツの根を観察します。春の初めに、出てくる若くて白い太い根を主根といいます。その先端には根冠があって先がとがり、土の中の隙間を探すように伸びます。成長するにつれて、根の表皮が硬く茶色になり、剥がれだします。内部は二次成長して太るので、幹や枝と同じように年輪ができます。

　この主根から出る細い根を側根または一次根といい、分かれるにつれて二次根、三次根などになります。菌がついて菌根を作るのは、二次根以上の細いもので、純共生的な菌は主根や太い側根にはつきません。したがって、どれほど菌根菌が根についても、根が死ぬことは絶対にありません。

　アカマツやクロマツなどの二針葉のマツの維管束は2つ並んでいるので、根は二股に分かれる性質を持っています。そのため、菌がついた菌根はフォーク状になる場合が多く、それが多くなるとサンゴ状、伸びると樹枝状になります。

自然状態では、直根と横に伸びた側根が将来の支持根になります。さらに横方向に伸びる支持根から、垂直方向に伸びる根をシンカー根といいます。これらの太い根は地上部を支えるのに重要な役割を果たしています。ただし、この太い根の伸び方は、地下水位や岩盤、土壌条件などによって微妙に変化し、障害物に出会うと、方向転換しますが、屈地性が強く、上に向かうことはほとんどありません。

　常緑樹のマツは一年を通して光合成をしていますが、秋に古い葉を落とすころ、根にデンプンを送って蓄えます。春に温度が上がると、それを溶かして新しい根を出します。この溶けだしてくる糖類を菌根菌がもらって菌糸を伸ばします。根と芽の成長はほぼ同時に始まるので、新芽が伸びはじめると、根がかなり動いており、葉が展開しだしたら、菌根形成が始まったと判断します。

　樹木の根は草本植物、たとえばイネ科植物などに比べると、広い範囲に伸びており、ツツジ科の樹木などを除いて、細根の量は一般に少ないといえます。特に、外生菌根を作るものでは樹体の割に水や養分を吸収する細根が少なく、そのため不足分を補うために菌根菌がついて菌糸を土壌中に広げ、水や養分を集めています。

　菌根菌の菌糸が根を覆うまでは、根の表面に根毛が生えていますが、菌根ができるとそれが消えます。根毛に比べると菌糸はかなり遠くまで広がることができます。したがって、自然状態で健全に育っている場合は、水や養分の大半が菌糸を経由して吸収されていると考えられます。菌根菌がつかない根は寿命が短く、1年で黒くなって死んでしまうのが普通です。

肥料とマツの根

　山に生えている樹木の場合は、微生物や動物がかかわる養分循環によって栄養が十分補給されているので、施肥する必要がありません。特に、菌根菌に頼る率の高いマツ類は、肥料を与えるとかえって害になります。

　1937年にイギリスで実験によって確かめられていたことですが、大切な報告があります。その実験結果を見ると、マツの根は土壌の栄養状態にきわめて敏感に反応し、窒素やリンの量が多くなると、太い主根だけを伸ばして側根を出さなくなります。少し施肥量を落とすと側根が出て、さらに少なくすると、細根の量が増えて菌根がよくつくようになったといいます。追試してみると、確かにその通りになりました。

　また、水が多いと、肥料分が多い場合と同じように根の量が減ります。このことは水耕栽培したマツの根でも確かめることができました。したがって、マツには過剰な灌水も不要です。まるで、根は栄養条件の微妙な違いを感じ取り、水や養分が十分にあると、サボってしまうように見えます。ただし、肥料がまったく不要というわけではなく、少量で十分なのです。

　なお、マツの根は好気性が強く、空気の多いところを求めて伸びる癖があります。要するに、マツは元来、貧栄養状態に耐えるようにできているので、厳しく育てるほど根の量が多くなり、健全に育つというわけです。

　ただし、最近は砂が痩せているはずの海岸でも、クロマツが異常に成

長し、芽や枝が年1m近く伸び、年輪幅も1cmほどになりだしました。どうしてこうなったのかわかりませんが、大陸からの汚染物質がその原因のひとつとして疑われています。環境省のデータを見ても大気中の硫黄酸化物や窒素酸化物が、1980年代以降次第に増加しているのは事実です。

菌根共生について

A菌根（アーバスキュラー菌根）

アカマツやクロマツが、乾いた日当たりのよいところに生え、のり面のような裸地や砂地、岩の上でもよく育つのには、それなりの理由があります。それはマツだけでなく多くの植物が根に菌をつけて共生し、互いに助け合って進化してきたからだといわれています。これを「植物と菌の共進化」といいます。

約4億年前のデボン紀の頃、湿地帯に初めてシダ植物の森らしいものができました。その植物の根に似た担根体といわれている部分に、現在多くの植物の根にある、アーバスキュラー（樹枝状）菌根そっくりのものができていました。菌根の化石だけでなく、グロムスという原始的なカビの胞子も化石になって残っていたので、大昔から菌根があったというのは、まぎれもない事実になりました。

それ以来、陸上植物は原始的なカビと共生して厳しい環境に耐え、地球上に広がることになりました。この起源の古いA菌根は、菌根という共生現象の中でも、最も相手にする植物の幅が広く、シダやコケからスギ、ヒノキ、広葉樹やタケ、草本植物など、ほとんどのものに見られ

ます。陸上植物の70％以上がA菌根を持っているという人もいるほどです。

　このカビの菌糸は根の細胞内に入って木の枝のように細かく分かれ、土の中に広げた菌糸で栄養や水を吸収し、それを植物に渡しています。特にリンやミネラルの吸収を助け、根を守る役割が大きいため、自然界では植物の生存に必須なものとされています。ただし、土の中の菌糸の量は外生菌根菌の場合に比べると、ごくわずかです。

　もちろん、果樹や作物の生育には欠かせないものですから、農業分野ではその利用が大きな研究テーマになっています。しかし、化学肥料や農薬の使用量が増えたために一般の畑からは菌が姿を消し、地力低下や連作障害にも関係があると考えられています。

　A菌根を作る菌はグロムス門に属していますが、このグロムス類はあまり相手の植物を選り好みしません。ただし菌の種類によってその効果が異なります。残念なことにグロムス類は培養ができないので、農業分野でもまだ十分利用されていません。樹木の場合はマツ科やブナ科、ヤナギ科、カバノキ科、ツツジ科以外、ほとんどすべてのものがA菌根を持っていると見て間違いないでしょう。

外生菌根

　キノコが樹木の根に作る菌根を外生菌根といいます。外生菌根の場合は、A菌根と違って菌糸が根の細胞内に入らず、外側をすっぽりと包み、細胞の間に入って変形します。そのため、この菌根のことを外生菌根といいます。また、根を包む菌糸の鞘を菌鞘、細胞の間に入った菌糸

をハルティヒネットといいます。

　根から土の中へ伸びた菌糸は、水と一緒にリンやミネラルを吸い上げて植物細胞に送ります。そのかわり、ハルティヒネットを通じて植物が同化した糖類を受け取ります。その働きはA菌根に似ていますが、まだ発展途上にあるためか、菌の種類によって菌根の形だけでなく、働き方も違っています。

　マツタケのような寄生に近い「偏利共生」から、ショウロのような「相利共生」、条件次第で菌根を作る「任意共生」など、菌根性キノコの暮らし方は変化に富んでいます。樹木の根に容易に菌根を作ることができるのは、相利共生型のキノコです。ただし、培養できるものは少なく、菌糸の成長もきわめて遅く、人工培地上でキノコを作らせることができません。

　おもしろいことに、約1億4,000万年前の白亜紀になってから出てきた樹木の中には、キノコと菌根を作って共生しているものがあります。それらの樹木はマツ科やブナ科、カバノキ科、ヤナギ科、フトモモ科、フタバガキ科などに属していますが、そのすべての種がキノコと共生しています。

　たぶん、これらの植物の祖先が出てきたときに、待ち受けてきた菌根菌の祖先が共生するようになったのでしょう。外生菌根を作る菌は、子嚢菌類のトリュフやツチダンゴなどを除いて、担子菌類に限られています。これらの樹木は、いずれもキノコと共生することによって大木になりました。2、3の例を除いて、灌木やきれいな花を咲かせる木や草本植物には外生菌根がありません。

このほか、ラン科植物やツツジ科植物なども、通常は腐生生活をしているカビやキノコの菌糸を細胞の中に取り込んで共生しています。これを内生菌根といいます。葉緑素を失ったツチアケビなどの無葉緑ランやギンリョウソウのよう植物は、菌から栄養をもらって暮らしています。この場合は、植物が菌に寄生しているともいえます。これらはいずれも第四紀（180万年前から現在）に出てきたかなり新しい植物群です。

　また、水生植物やタデ科などのような水辺の植物、アブラナ科のような畑の雑草になりやすいものには、菌根がありません。新しい植物の仲間では、菌の助けを必要としないものが増えているようです。

マツにつくキノコ

　樹木に外生菌根を作る菌のほとんどは、担子菌類に属しています。その種数は担子菌類全体のおよそ4割を占め、ヒダナシタケ目、ハラタケ目、腹菌類にまたがっています。外生菌根菌の中でマツ属の樹木につくものは比較的少なく、多くのものが常緑広葉樹や落葉広葉樹についています。

　菌根を作るキノコのグループは、ほぼ属の単位で決まっており、たとえば、ヌメリイグチ属、チチタケ属、ベニタケ属、テングタケ属などはすべて外生菌根を作ります。また、一種の菌が複数の樹種に菌根を作り、一種の植物が複数の菌と菌根を作ります。なお、ユーカリの仲間ではA菌根と外生菌根が同じ根にできることがあります。

　アカマツやクロマツなど、マツ属樹木の菌根菌は、属単位で見ると、ほぼ共通していますが、種について見ると、アカマツとクロマツの間で

も違いが見られます。また、樹齢でもキノコの種類が異なり、苗につきやすいものと成木につきやすいものがあります。ここではクロマツにつく代表的な菌根菌を挙げておきます。

【苗に多い菌根性キノコ】

　　キツネタケ属：キツネタケ、ウラムラサキ

　　アセタケ属：トマヤタケ、クロトマヤタケ

　　ショウロ属：ショウロ、ホンショウロ

　　コツブタケ属：コツブタケ

　　ヌメリイグチ属：ヌメリイグチ、チチアワタケ、アミタケ

【成木に多い菌根性キノコ】

　　ベニタケ属：ドクベニタケ、チシオハツ、クロハツ、カワリハツ

　　テングタケ属：テングタケ、ガンタケ

　　チチタケ属：ハツタケ、キハツタケ、アカハツ、キチチタケ

　　キシメジ属：シモコシ、マツシメジ、カキシメジ

　　フウセンタケ属：ササタケ

　　イボタケ科：マツバハリタケ、クロハリタケ

　　シロソウメンタケ科：ムラサキナギナタタケ

　クロマツやアカマツが育つにつれて、幼樹の時代に多かった種類が次第に消え、成木につくものが優勢になります。これを菌類遷移といいます。なお、アカマツ林に発生する菌根性キノコは、クロマツ林よりも種

数が多く、広葉樹と混じっているため広葉樹と共通するものがあるので、複雑な種構成になっています。なお、アイグロマツにつくものは、ほぼクロマツのものと共通していると思われます。

菌根菌の接種効果

　菌根菌の働きは種や系統によって異なるため、マツの葉の色や成長促進効果にも、かなり大きな差が見られます。これまで多くの樹種について世界各地で接種実験が繰り返され、菌根菌の接種が樹木の成長だけでなく、耐乾性や耐水性、耐凍性、耐病性などを高めることが、よく知られるようになりました。私たちも多くの樹種について、その効果を確認しています。

　35年ほど前、10年生のクロマツに10種類の菌根菌を接種し、マツノザイセンチュウを感染させる実験をしました。その結果、菌根ができると、抵抗性が増すことが確認されました。最近、数人の研究者が追試して、その効果を確かめましたが、マツの材線虫病抵抗性にも菌根が関係していると思われます。

　これまでの接種実験結果を見ると、キツネタケ属とアセタケ属、コツブタケ属の成長促進効果は小さく、ヌメリイグチ属のものに大きな効果が見られました。この3種の菌はアカマツとクロマツに共通しており、苗畑や若齢林でよく繁殖します。ただし、菌の系統によって効果が異なるので、実用的にはひとつの種の子実体をたくさん集めて混ぜるか、複数の菌を使う、混合接種を試してください。

　ショウロの場合は成長促進効果よりも、むしろやや抑制気味になり、

葉が黄緑色になって短くなるという特徴があります。おそらく、ショウロの窒素要求量が多いからだと思います。しかし、苗の活着率と生存率は高く、弱アルカリ性土壌でも育ち、耐塩性も高いので、海岸砂地に植えるのには適しています。ショウロとホンショウロには、効果の点でほとんど差が見られません。ただし、いずれもアカマツには感染しにくく、酸性の山土では繁殖できません。

【参考文献】

石川県林業試験場（編）「海岸林の仕組みと管理」、よくわかる石川の森林・林業 No.1、2009

小川真（著）『菌を通して森を見る——森林の微生物生態学入門』創文、1980

小川真（著）『炭と菌根でよみがえる松』築地書館、2007

小川真（著）『森とカビ・キノコ——樹木の枯死と土壌の変化』築地書館、2009

小川真（著）『菌と世界の森林再生』築地書館、2011

小川真（編著）『野生きのこのつくり方』全国林業改良普及協会、1992

四手井網英（編）『アカマツ林の造成——基礎と実際』地球出版、1963

玉田克志、更級彰史（著）「ショウロ子実体形成試験及びその菌根合成による松材線虫病発生抑制効果」東北森林学会誌、第12巻2号、2007

ニコラス・マネー（著）、小川真（訳）『チョコレートを滅ぼしたカビ・キノコの話——植物病理学入門』築地書館、2008

平佐隆文（著）「注目した野外でのショウロ子実体生産事例」島根県林業技術センター研究報告、第42号、1991

林野庁（監修）『林業技術ハンドブック』林業改良普及協会、1990

和歌山県林業試験場（編）『松露(ショウロ)を活用した松林保全マニュアル』、2012

【著者略歴】

小川　真（おがわ・まこと）
1937年京都府生まれ。京都大学農学研究科修了、農学博士。
菌類・菌根学を専攻。
森林総合研究所土壌微生物研究室長、きのこ科長、関西総合環境センター生物環境研究所長をへて大阪工業大学客員教授。この間に日本林学賞、ユフロ学術賞、日経地球環境技術賞、日本菌学会教育文化賞、愛・地球賞などを受賞。主な著書に『「マツタケ」の生物学』『マツタケの話』『きのこの自然誌』『炭と菌根でよみがえる松』『森とカビ・キノコ――樹木の枯死と土壌の変化』『菌と世界の森林再生』（以上、築地書館）、『菌を通して森を見る――森林の微生物生態学入門』（創文）、『作物と土をつなぐ共生微生物――菌根の生態学』（農山漁村文化協会）、訳書に『不思議な生き物カビ・キノコ』『チョコレートを滅ぼしたカビ・キノコ』（以上、築地書館）、『キノコ・カビの研究史――人が菌類を知るまで』（京都大学学術出版会）など。

伊藤　武（いとう・たけし）
1939年京都府生まれ。鳥取大学農学部林学科卒、樹木医。
京都府林務課、京都府林業試験場次長を経て関西総合環境センター勤務。生物環境研究所副所長。前京都府樹木医会会長。
主な著書に『マツタケ山の造り方』（創文）、『マツタケは栽培できるか』『野生きのこのつくり方』（以上、全国林業改良普及協会）、『マツタケ――果樹園感覚で殖やす育てる』（農山漁村文化協会）などがある。いずれも共著。

栗栖敏浩（くるす・としひろ）
1968年和歌山生まれ。近畿大学農学部卒、樹木医。
関西総合環境センター（現・環境総合テクノス）生物環境研究所にて菌根菌をはじめとする土壌微生物に関する業務に従事。生物環境研究所閉鎖後環境部に所属し、現在に至る。

海岸林再生マニュアル　炭と菌根を使ったマツの育苗・植林・管理

2012年11月15日　初版発行
2014年3月10日　2刷発行

著者	小川真＋伊藤武＋栗栖敏浩
発行者	土井二郎
発行所	築地書館株式会社
	東京都中央区築地 7-4-4-201　〒104-0045
	TEL 03-3542-3731　FAX 03-3541-5799
	http://www.tsukiji-shokan.co.jp/
	振替 00110-5-19057
印刷・製本	シナノ印刷株式会社
装丁	久保和正

© Makoto Ogawa, Takeshi Ito and Toshihiro Kurusu 2012 Printed in Japan
ISBN 978-4-8067-1451-4　C0045

・本書の複写にかかる複製、上映、譲渡、公衆送信（送信可能化を含む）の各権利は築地書館株式会社が管理の委託を受けています。
・ JCOPY 〈(社)出版者著作権管理機構 委託出版物〉
本書の無断複写は著作権法上での例外を除き禁じられています。複写される場合は、そのつど事前に、(社)出版者著作権管理機構（TEL 03-3513-6969、FAX 03-3513-6979、e-mail : info@jcopy.or.jp）の許諾を得てください。

● 関連書籍 ●

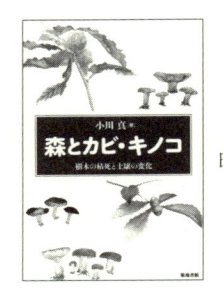

森とカビ・キノコ
樹木の枯死と土壌の変化

小川真【著】
2,400円+税

日本の森で、マツ、ナラ、スギ、ヒノキなど、
多くの樹木が大量枯死し始めている。
原因は、病原菌や、害虫なのか。
薬剤散布の影響はないのか。
土壌の菌類相の変化の影響は…。
拡大する樹木の枯死現象の謎に、
菌類学の第一人者が迫る。

炭と菌根でよみがえる松

小川真【著】
2,800円+税

日本の原風景の一つ、白砂青松。
いま、全国の海岸林で、松が枯れ続けている。
どのようにすれば、松枯れを止め、
松林を守れるのか。
著者による各地での実践事例を紹介し、
松の診断法、松林の保全、
復活のノウハウを解説した。

● **関連書籍** ●

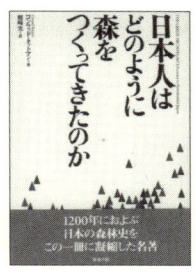

日本人はどのように森をつくってきたのか

コンラッド・タットマン【著】
熊崎実【訳】
2,900円+税　◉5刷

古代から徳川末期までの森林利用をめぐる、
村人、商人、支配層の役割と、略奪林業から
育成林業への転換過程を描き出す。
日本人・日本社会と森との1200年におよぶ
関係を明らかにした名著。

樹木学

ピーター・トーマス【著】
熊崎実＋浅川澄彦＋須藤彰司【訳】
3,600円+税　◉7刷

木々たちの秘められた生活のすべて。
生物学、生態学がこれまでに蓄積してきた
樹木についてのあらゆる側面を、
わかりやすく、魅惑的な洞察とともに
紹介した、樹木の自然誌。

価格・刷数は2014年2月現在のものです